环保设施的探秘之旅

生态环境科普读物

甘肃省生态环境宣传教育中心 编

中国环境出版集团·北京

图书在版编目（CIP）数据

生态环境科普读物 ： 环保设施的探秘之旅 / 甘肃省生态环境宣传教育中心编. -- 北京 ： 中国环境出版集团，2019.11(2020.4重印)

ISBN 978-7-5111-4222-1

Ⅰ. ①生… Ⅱ. ①甘… Ⅲ. ①环境保护设施－普及读物 Ⅳ. ①X505-49

中国版本图书馆CIP数据核字(2019)第290418号

出 版 人 武德凯
责任编辑 韩 睿
责任校对 任 丽
装帧设计 岳 帅

出版发行 中国环境出版集团
（100062 北京市东城区广渠门内大街16号）
网 址：http://www.cesp.com.cn
电子邮箱：bjgl@cesp.com.cn
联系电话：010-67112765（编辑管理部）
发行热线：010-67125803，010-67113405（传真）
印装质量热线：010-67113404
印 刷 北京盛通印刷股份有限公司
经 销 各地新华书店
版 次 2019年12月第1版
印 次 2020年4月第2次印刷
开 本 880×1230 1/32
印 张 4.5
字 数 350千字
定 价 30.00元

编委会

序

甘肃省是黄河、长江的重要水源涵养区，地处黄土高原、青藏高原和内蒙古高原的交汇地带，生态地位特殊而重要，是西北乃至国家重要的生态安全屏障，也是我国生态最为脆弱的地区之一。牢固树立“绿水青山就是金山银山”的理念，始终坚持生态第一、环保优先，积极开展生态环境科普教育、传播绿色生态文明、打好污染防治攻坚战已经成为推动甘肃绿色发展崛起的鲜明主题。

《生态环境科普读物：环保设施的探秘之旅》通过漫画形式以浅显易懂的语言解说专业词汇，分别以”生态环境监测、生活污水处理、危险废物处置、垃圾处理“为主题，集知识性、趣味性及互动性于一体，对四类环保设施向公众开放工作有很强的针对性，对深入推进环保设施向公众开放具有重要作用，可作为中小学、幼儿园师生生态环境教育的培训教材，让人们特别是广大青少年既掌握环保知识又开拓眼界，在实践中提升环保意识。

生态环境保护功在当代，利在千秋。我们必须倡导一种人与自然的和谐理念，提高环保意识，践行低碳生活，永不懈怠、久久为功，坚守生态环境保护红线、环境质量底线，筑牢西部生态安全屏障，努力建设天更蓝、山更绿、水更清的幸福美好新甘肃。

甘肃省生态环境厅党组书记、厅长 简锋

目 录

原来你是这样的

生态环境监测

关心环境 关心你！

甘肃省是黄河、长江的重要水源涵养区和国家生态安全屏障的重要组成部分，地处黄土高原、青藏高原和内蒙古高原的交会地带，境内地形复杂，生态环境多样。为了摸清、说清我们的生态环境情况，环境监测人付出了很多努力。

生态环境监测是什么？

生态环境监测是指综合利用物理、化学、生物、医学、遥测、遥感、计算机等科学手段，监视、测定、监控反映生态环境质量及其变化趋势的活动。

生态环境监测的意义是什么？

科学评价生态环境质量；预测预警生态环境质量变化；为生态环境监督管理、污染防治提供依据；为保护环境、保护人类健康、合理利用自然资源提供服务。

有什么要求吗？

真实、准确、全面。

属于你的监测设备小课堂

原子吸收光谱仪

能够测定和分析多种微痕量元素。

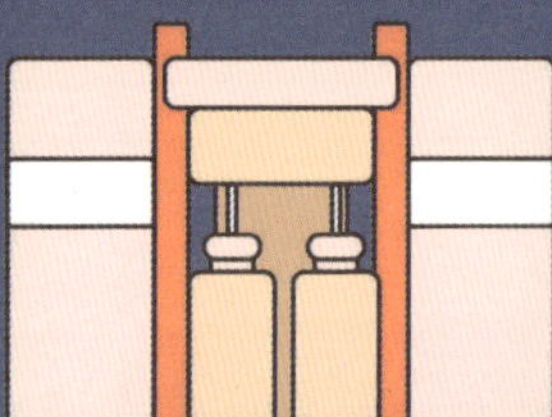

电感耦合等离子体发射光谱仪

能够测定样品中所含元素的种类和含量。

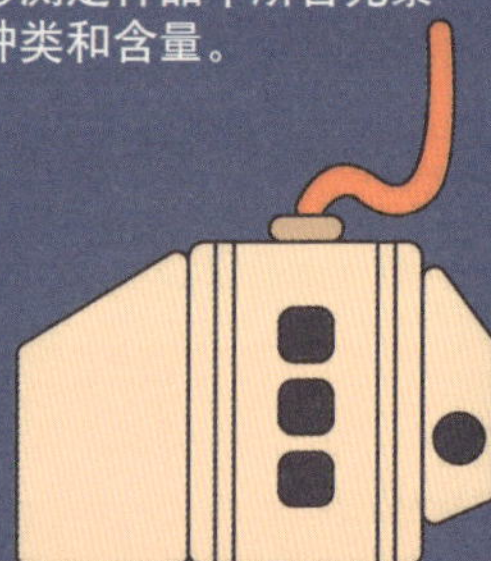

电感耦合等离子体质谱仪

能够同时测定许多元素，能够快速测定同位素比值。

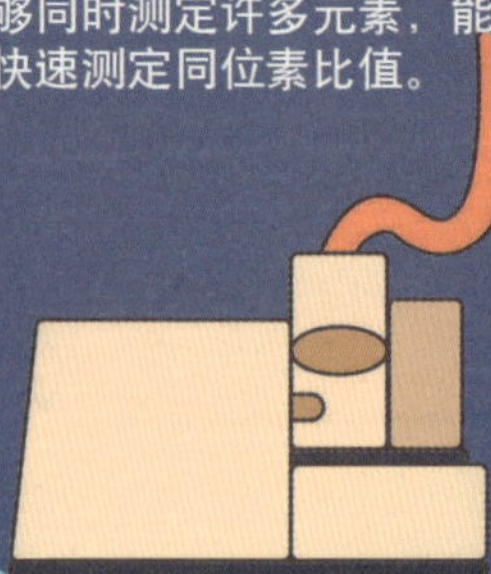

原子荧光分光光度计

能够进行核酸和蛋白质等的定量，能够测定细菌细胞密度。

测汞仪

能够测定汞的含量。

液相色谱质谱联用仪

能够分析多种化合物，具有更高灵敏度、更高精确度。

离子色谱仪

能够检测阴、阳离子。

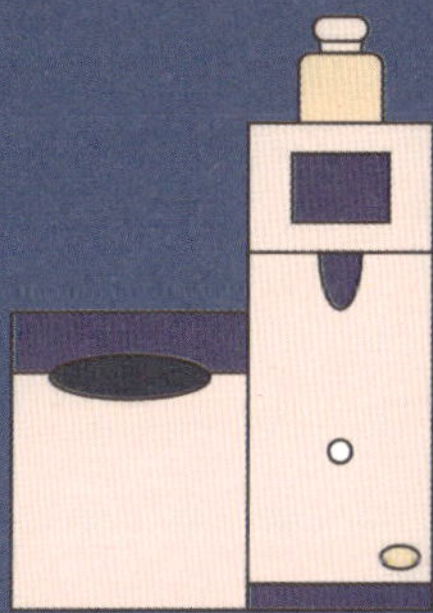

气质联用仪

能够对复杂有机化合物进行更高效的定性、定量分析。

嘉峪关市
47
酒泉市
214
302
全省各市州各级各类
生态环境质量
监测站(点)

别动，你被“包围”了

分布在甘肃省的194个空气质量监测站（点）、1 283个水质自动监测站和1 741个土壤环境监测基础点，可以为我们判断生态环境质量提供大量数据。环境中的各种污染物都逃不过这张环境监测网络的“眼睛”。

甘肃省各市州生态环境质量监测站（点）

城市	空气监测站点/个	水监测站点/个	土监测站点/个
兰州市	27	42	182
嘉峪关市	7	11	29
金昌市	14	23	101
白银市	10	66	179
天水市	14	67	97
武威市	13	96	163
张掖市	11	168	123
平凉市	15	130	120
酒泉市	17	94	103
庆阳市	14	131	119
定西市	13	37	148
陇南市	13	257	186
临夏州	14	43	95
甘南州	12	118	96
合计	194	1 283	1 741

土壤环境监测

共布设监测点位1 741个，其中74个背景点，1057个基础点，610个风险点。监测项目67项，按年度计划分批监测，5年全覆盖1次。

此外，利用卫星遥感影像，对全省土地利用/覆盖数据（6大类，26小项）进行动态监测，以目前国内主流高分卫星遥感数据为主，环境统计、水资源、地理信息、土壤侵蚀等数据为辅，对全省及典型区域进行生态环境状况评价，1年1次全覆盖。

生态遥感监测与评价

环境监测部门还对噪声污染和重点污染源开展监测，对全省44个县的132个村庄开展生态环境监测。

水平能见度小于
1km。
边界很清晰，过了“雾区”
可能就是晴空万里。
相对湿度大于
90%。
颜色是乳白色、青
白色。
Mr. MR.雾
厚度在几十米至
两百米。
一般在午夜至清晨最
易出现。

FOG & HAZE
雾与霾的区别
厚度可达1～3km。
相对湿度小于80%，相对湿度介于80%～90%是霾和雾的混合物，但其主要成分是霾。
霾和晴空区之间没有明显的边界。
颜色为黄色、橙灰色。
日变化特征不明显，当气团没有大的变化，空气团较稳定时，持续出现时间较长。
HAZE

"以色示人" AQI指数？一看就懂

一级 优
0～50

健康影响：空气质量令人满意，基本无空气污染

建议措施：各类人群可正常活动

二级 良
51～100

健康影响：空气质量可接受，但某些污染物可能对极少数异常敏感人群健康有较弱影响

建议措施：极少数异常敏感人群应减少户外活动

三级 轻度污染
101～150

健康影响：易感人群症状有轻度加剧，健康人群出现刺激症状

建议措施：儿童、老年人及心脏病、呼吸系统疾病患者应减少长时间、高强度的户外锻炼

四级 中度污染
151～200

健康影响：进一步加剧易感人群症状，可能对健康人群心脏、呼吸系统有影响

建议措施：儿童、老年人及心脏病、呼吸系统疾病患者避免长时间、高强度的户外锻炼，一般人群适量减少户外运动

五级 重度污染
201～300

健康影响：心脏病和肺病患者症状显著加剧，运动耐受力减低，健康人群普遍出现症状

建议措施：老年人和心脏病、肺病患者应停留在室内，停止户外活动，一般人群减少户外活动

六级 严重污染
> 300

健康影响：健康人运动耐受力减低，有显著强烈症状，提前出现某些疾病

建议措施：老年人和病人应当留在室内，避免体力消耗，一般人群应避免户外活动

与你相爱相杀的臭氧

臭氧的产生

臭氧是一种淡蓝色气体，具有强氧化性。是在紫外线和前体污染物（如氮氧化物NO_x和挥发性有机物VOCs）存在的条件下，在大气中发生光化学反应形成的。人类活动增加了近地面的前体污染物，臭氧便会超标。

臭氧层与臭氧超标

自然界的臭氧，大多分布在距地面 20 ~ 50km 的大气中，被称为“臭氧层”，能有效阻挡紫外线，保护人类健康。但是，近地面高浓度的臭氧会刺激和损害眼睛、呼吸系统等黏膜组织，对人体健康产生副作用。所以，高空平流层里的臭氧要保护，近地面的臭氧超标也要治理。

臭氧超标

通常4—9月是一年中臭氧容易超标的时期，这主要与光照增强、大气光化学反应条件有利有关。一般从上午开始，臭氧浓度开始上升，午后14点前后达到峰值，到傍晚17点前后持续较高浓度，随后浓度逐步下降，夜间保持较低水平。

你随时会遇到的水

I类~II类 优

主要适用于源头水，国家自然保护区。适用于集中式生活饮用水地表水水源地一级保护区、珍稀水生生物栖息地、鱼虾类产卵场、仔稚幼鱼的索饵场等

III类 良

主要适用于集中式生活饮用水地表水水源地二级保护区、鱼虾类越冬场、洄游通道、水产养殖区等渔业水域及游泳区。

IV类 轻度污染

主要适用于一般工业用水及人体非直接接触的娱乐用水区。

V类 中度污染

主要适用于农业用水及一般景观要求用水。

劣V类 重度污染

除调节局部气候外，使用功能较差。

一起了解土壤污染

土壤污染物大致可分为

1. 无机污染物：包括酸、碱、重金属，盐类，放射性元素铯锶的化合物，含砷、硒、氟的化合物等。

2. 有机污染物：包括有机农药、酚类、氰化物、石油以及由市污水、污泥及厩肥带来的有害微生物等。

与大气和水体污染相比土壤污染具有哪些特点

一是土壤污染具有隐蔽性和滞后性。
二是土壤污染具有累积性。
三是土壤污染具有不均匀性。
四是土壤污染具有难可逆性。
五是土壤污染治理具有艰巨性。

土壤污染的危害

土壤污染会和大气污染、水源污染形成恶性循环

大气环境遭受污染

污染地下水和地表水
给生物的水源质量带来威胁

土壤污染导致农产品减产和农产品品质降低

现有的土壤修复技术主要有

1.换土法（客士法）

2.化学修复

3.电修复

4.热修复

5.生物修复技术

原来你是这样的
环境监测

二、生活污水的小清新之旅

嗨！我叫
阿花
是环保精灵哟～

嗨！我叫
小绿
是甘肃省生态环
境保护讲解员～

现代化城市生活

每人每天都会产生大量的污水。洗澡、洗衣、洗菜、当然还有冲马桶。这些污水最后都到哪里了呢?

这些水因受到不同程度污染
不能直接排放到江河湖海，需要处理达标后才可排放。

让我们开始
神秘的污水处理之旅吧
首先它们从每家每户的下水管道，进入到城市的污水收集管网，然后输送到城市污水处理厂。

污水处理厂一般会根据本地区污水的水质水量、社会经济条件和排放标准，选用物理、化学、生物等不同方法处理污水。
那么就以生物法活性污泥法为例开始进入污水处理的世界吧！

过滤装置
污水大军先来到了第一站
那么你知道这些过滤装置是干什么用的呢？
A——阻挡固体垃圾通过
B——阻挡下水道里的鳄鱼
答案是A。你真的认为下水道会有鳄鱼吗？
瞧，大型固体垃圾都被粗格栅挡住了！

污水大军来到了第二站
沉砂池
污水中所含的大量泥沙
在这里被沉淀下来

生物处理
污水大军来到了第三站
污泥与污水混合在一起，那你知道这些脏兮兮的污泥是用来干什么的吗？
A——用来养殖花花草草
B——用来培养微生物。别看这些污泥很脏，它们可是净化污水的主力军。
答案是B。
专业设备不断向污水污泥中充氧。繁殖出来的微生物会吸附，分解污水中的有机污染物，使污水得到净化。

二沉池
污水大军来到了第四站
快来看，污泥已经从水中分离出来了。这时的水看起来已经很干净了，但是还有很多肉眼看不见的颗粒悬浮在水中。

让我们开始
神秘的污水处理之旅吧
首先它们从每家每户的下水管道，进入到城市的污水收集管网，然后输送到城市污水处理厂。
嗨！我们是消毒军。在这里，水中大部分细菌和病毒都会被清除杀灭。经过消毒后的水，达到国家规定的排放标准后，才会被排放到环境中，继续它们的循环之旅。
这一切都在生态环境部门的实时监管之下哦！

追环保，求低碳
倡节能，珍水源

城市生活
污水去哪了

三、危险废物处置的“硬核”操作

嗨！我叫
小绿
是甘肃省生态环境保护讲解员～
嗨！我叫
阿花
是环保精灵哟～

危险废物

顾名思义,危险废物首先具有危险性，其次不能按照原用途继续利用。专业表述是指列入国家危险废物名录或者根据国家规定的危险废物鉴别标准和鉴别方法认定的具有危险特性的固体废物。

化工废物
医疗废物
冶炼废物
零件废
危险废物

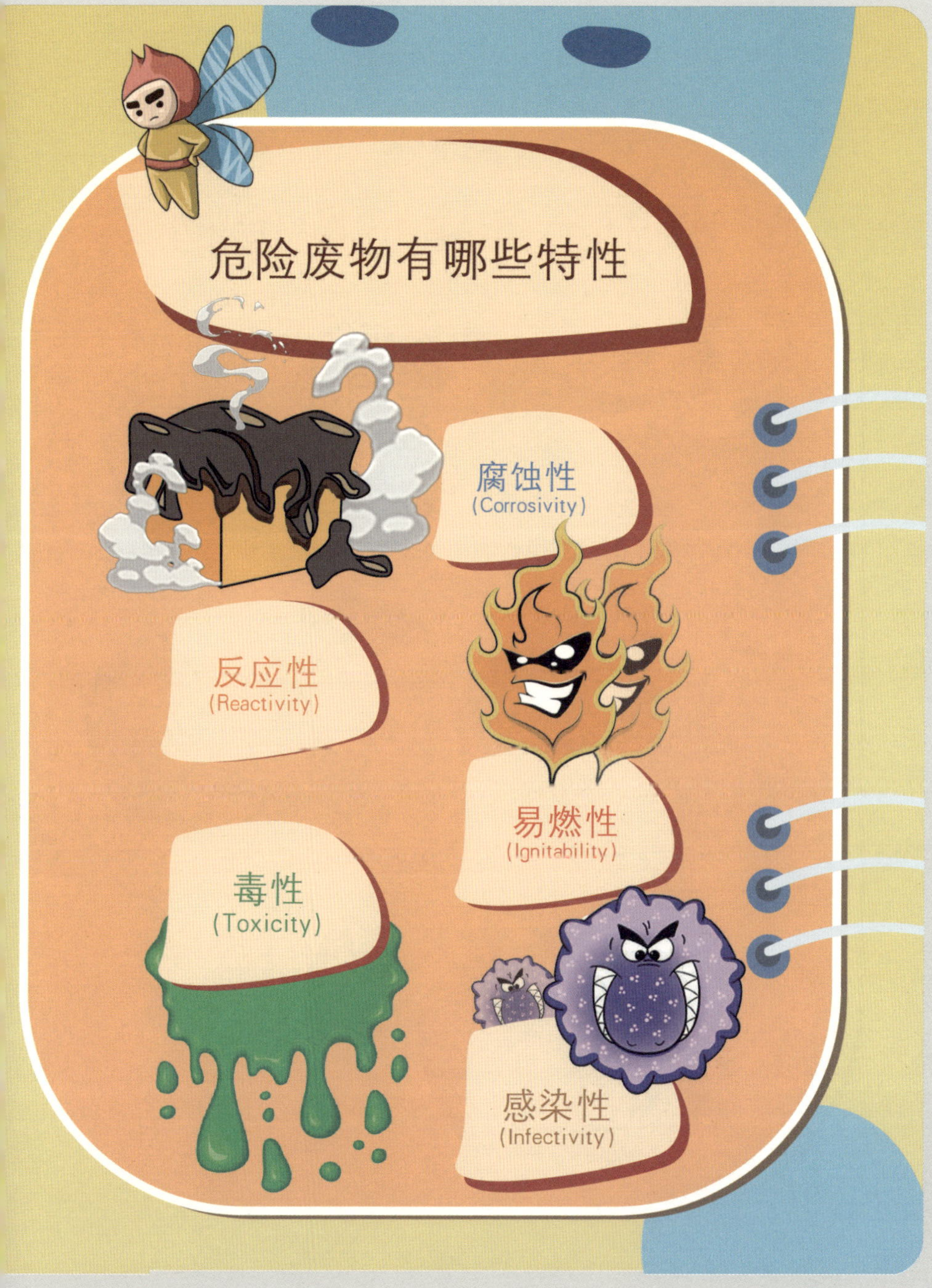
危险废物有哪些特性
腐蚀性
(Corrosivity)
反应性
(Reactivity)
易燃性
(Ignitability)
毒性
(Toxicity)
感染性
(Infectivity)

哪里会产生危险废物

医疗

医药制药、医疗废物、废弃医药

造纸

造纸及纸制品

化学

化学原料及化学制品制造、高校科研院所产生的实验室废物等危险废物

电池

汽车消耗品和废弃电池

采掘

矿物开采，冶炼，加工等
石油开采，炼油，加工等

机械制造

机械制造等行业

家庭生活会产生哪些危险废物？

废杀虫剂和消毒剂及其包装物

废油漆溶剂及其包装物

废药品及其包装物

废胶片及废相纸

废荧光灯管

废电池

废矿物油及其包装物

废温度计

这些危险废物若不能妥善处理，会严重威胁生态环境。

危险废物应该如何处理？

. 申报备案
危险废物产生单位要根据国家有关规定申报危险废物的基本情况，每年向所属区县生态环境部门报备危险废物管理计划，报备危险废物大致的数量、种类、去向等。
2. 合法处置
产生危险废物的单位，按照《固体废物污染环境防污法》规定，必须将危险废物提供或委托给有对应危废经营许可资质的单位处理，且必须交由有危险废物道路运输资质的单位运输、转移，不能随意处理。
3. 规范管理
危险废物及其相关设施，如贮存设施、标识标志、包装容器、转运处置等，必须符合法律法规的要求，规范管理，产生危险废物的单位还要制定应急预案，并组织危险废物意外事故应急预案的演练。

危险废物常见处理方法：

填埋法

按照技术标准，将危险废物铺成一定厚度的薄层，加以压实，并覆盖土壤。

固化法

将水泥、塑料、水玻璃、沥青等凝结剂同危险废物加以混合进行固化，使污泥中所含的有害物质封闭在固化体内不被浸出。

焚烧法

高温分解和深度氧化的综合过程。

化学法

通过酸碱中和、氧化还原以及沉淀等方式，将有害物质转化为无害的最终产物。

医疗废物
医疗废物，是指医疗卫生机构在医疗、预防、保健以及其他相关活动中产生的具有直接或间接感染性、毒性以及其他危害性的废物。
嗯嗯，我明白啦！

识别医疗废物

1.感染性废物：携带病原微生物具有引发感染性疾病传播危险的医疗废物。

如：被病人血液、体液、排泄物污染的物品；病原体的培养基、标本和菌种、毒种保存液等。

2.病理性废物：诊疗过程中产生的人体废弃物和医学实验动物尸体。

如：手术及其他诊疗过程中产生的废弃人体组织、器官等；医学实验动物的组织等。

3.药物性废物：过期、淘汰、变质或者被污染的废弃的药品。

如：废弃的抗生素、非处方类药品等一般性药品；废弃的细胞毒性药物和遗传毒性药品等。

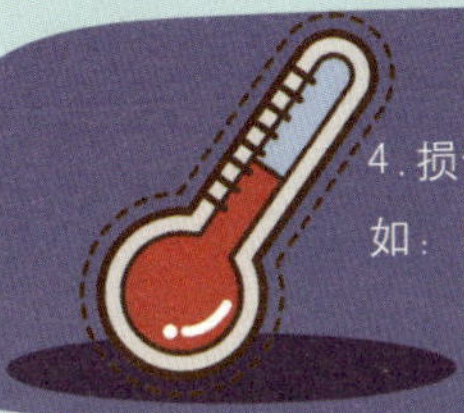

4.损伤性废物：能够刺伤、割伤人体的废弃的医用锐器。
如：医用针头、缝合针，解剖刀等。

5.化学性废物：具有毒性、腐蚀性、易燃易爆性的废弃的化学物品。
如：医学影像室、实验室废弃的化学试剂等。

医疗废物都到哪里去了呢？

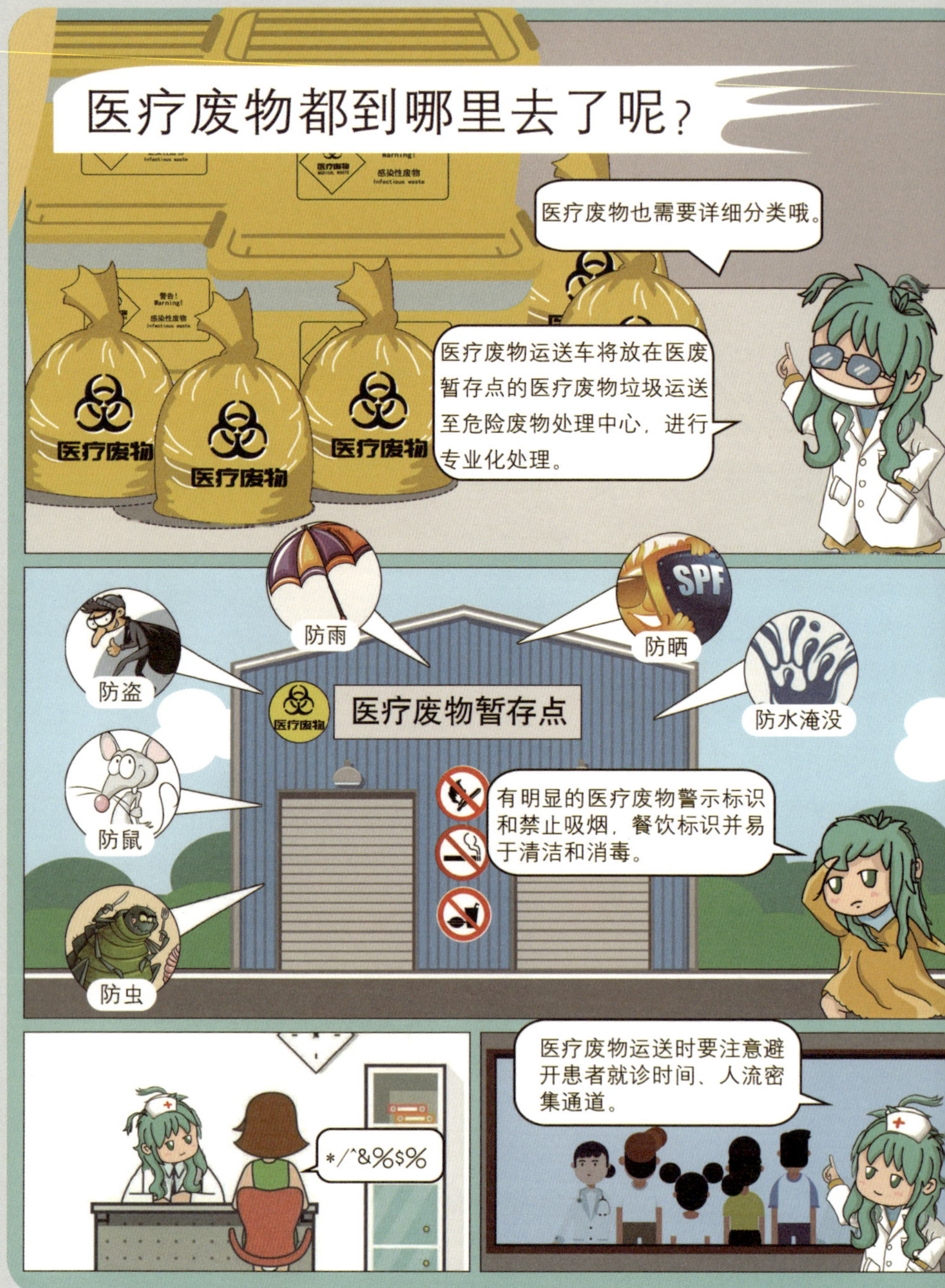

30
限速
医疗废物转运车
全副武装，
我们出发吧！
全程都有GPS哎～
医疗废物在转运过程中也有严格规范，医疗废物转运车必须具有定位功能，专业装备标识路线，限速等很多规定条件。

资质证书
险废物处置中心
US WASTE DISPOSAL CENTE
医疗废物的处置就需要有专业资质的处置单位，在专门的处置场所进行集中处置。
医疗废物转移联单
保留至少三年
转运联单作为医疗废物的身份证必须符合规范而且要保留至少三年。
在这里医疗废物经过全过程密闭无害化处置设备，经过900° C至1 100° C的高温焚烧。
焚烧
水封
焚烧后的低渣经水封出渣机排出后，进行固化处理。
固化

医疗废物的终点站就是专业的医疗废物处置中心，在这里医疗废物经过全过程密闭无害化处置设备，经过900°C至1 100°C的高温焚烧，焚烧后的低渣经水封出渣机排出后，进行固化处理。

产生的烟气经净化处理后达标排放这就是医疗废物处置的“硬核”操作。

该拿危险废物怎么办

四、垃圾处理大闯关

垃圾围城

随着城镇化发展进入快车道，城市“垃圾围城”的问题日益突出。以常住人口超过400万的兰州为例，每天产生的生活垃圾超过了3 000多吨。

会占用土地资源
会污染空气
PM10
有火灾隐患
会污染水体
这些垃圾如果
不能妥善处理
成为有害生物的巢穴
会污染土壤
会威胁生态环境安全
那我们该怎么妥善处理这些垃圾呢？

垃圾焚烧发电

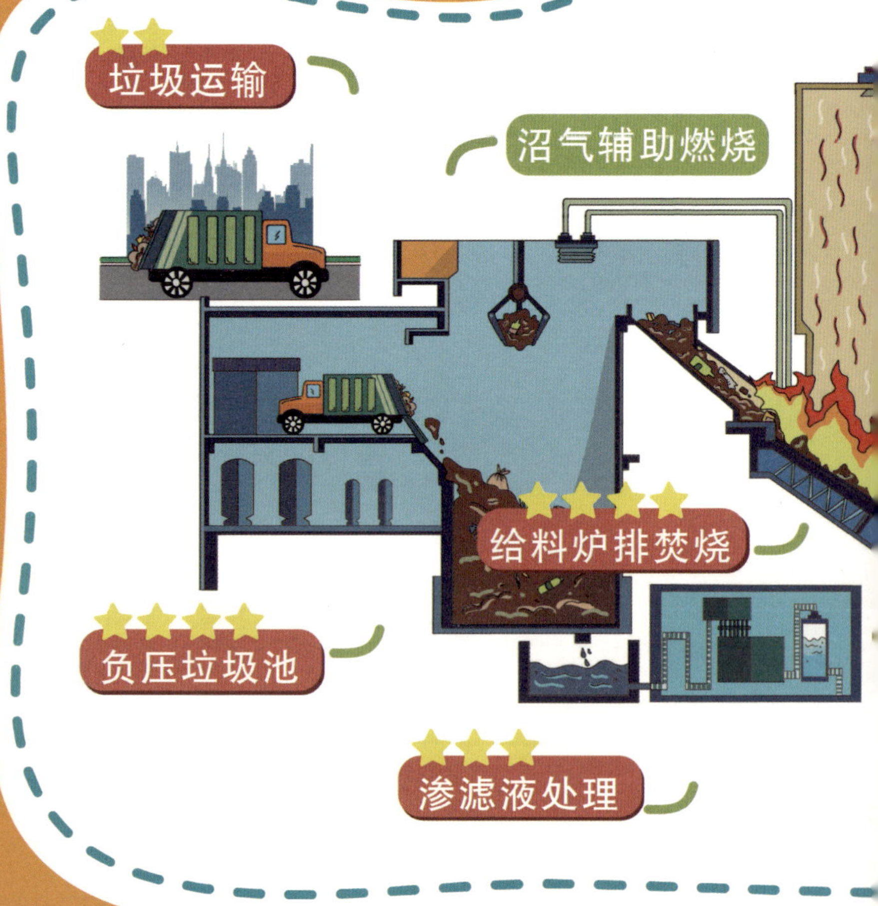

废气处理达标后排放
蒸汽发电
废渣回收加工

生活垃圾去哪了

卫生填埋法

采用底层防渗，垃圾分层填埋，压实后顶层覆盖土层，使垃圾在厌氧条件下发酵，以实现无害化处理。

优点：技术成熟，运行管理简单，处理量大，灵活性强，适用范围广，投资及运行费用较低。

缺点：占地面积大，减量效果差，残留大量细菌、病毒，潜伏沼气、重金属污染隐患，易发生二次污染，选址难。

堆肥法

使垃圾、粪便中的有机物在微生物作用下进行生物化学反应，最后形成一种类似腐殖质土壤的物质，可用作肥料或改良土壤。

优点：投资低，技术简单，可消除有害病菌传播，减量化和资源化效果明显。

缺点：对垃圾分类要求高，产生臭味，堆肥产品质量不高，垃圾处理连续性和堆肥产品销售的季节性之间存在矛盾。

焚烧法

将垃圾在高温下焚烧和熔融，得到可燃气体，可燃气体和余热被有效地利用来发电。

优点：彻底消灭病原体，无害化程度高，减量化效果好（减量80%～90%），环境污染小，不受环境条件影响可全时段操作。

缺点：投资大，对垃圾热值有要求，需添加助燃物导致运行成本高，垃圾分类不完善导致焚烧效率较低、设备寿命较短。

负压垃圾池

负压，就是垃圾池的气压低于外部的气压，垃圾池内有臭味的空气不会泄漏出去，而是通过专门的通道集中收集处理，这样的做法可以很有效地解决垃圾池臭味扰民的问题。

垃圾要在这里存放约1周时间，产生的沼气被抽入焚烧炉助燃。

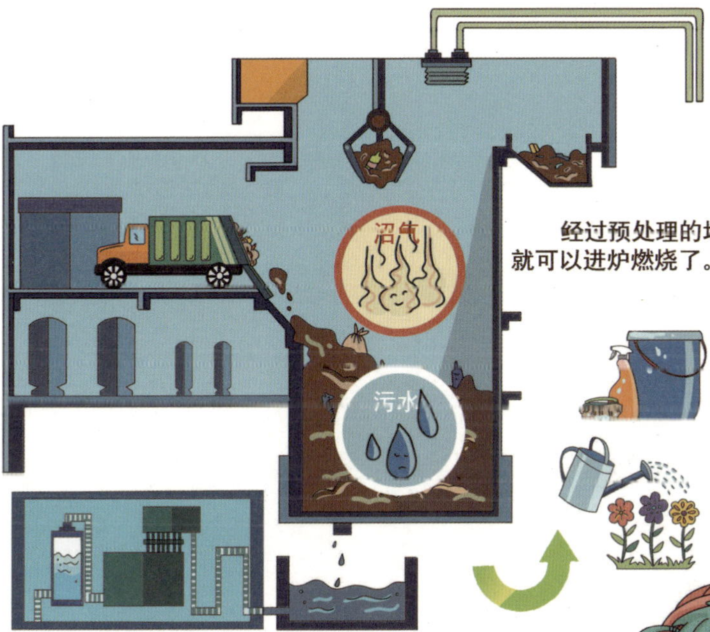

经过预处理的垃圾，就可以进炉燃烧了。

垃圾堆放会产生渗滤液污水，经处理后可以回收利用，用于清洗和浇灌等。

有效控制二噁英

关于二噁英：二噁英不是垃圾焚烧特有的产物。化工、石化、冶炼行业，以及日常吸烟、汽车尾气、露天焚烧、燃放烟花爆竹等都会产生二噁英。

重点来了!

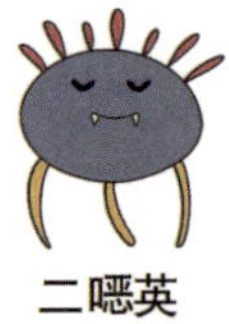

3.吸附捕获二噁英：用除尘设备吸附捕获“漏网”的二噁英颗粒。

1.抑制二噁英产生：充分燃烧，保证烟气在850°C环境中停留时间不少于2秒，防止二噁英产生。

2.控制二噁英再生：急速冷却高温烟气，有效防止二噁英再生。

蒸汽发电

焚烧产生的热量经过余热锅炉热交换后，足以将初步预热的冷凝水加热成高温高压过热蒸汽，供汽轮发电机组发电。

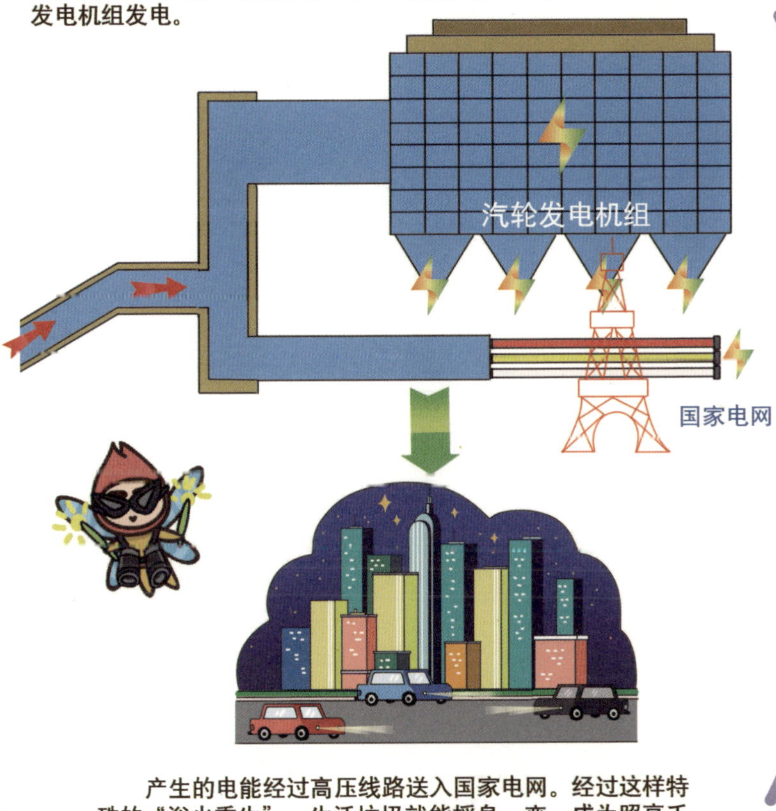

产生的电能经过高压线路送入国家电网。经过这样特殊的“浴火重生”，生活垃圾就能摇身一变，成为照亮千家万户的电。

废气、废渣

燃烧产生的废气、废渣该怎么办呢？

废气

燃烧产生的烟气要经过脱硫、脱硝和除尘等一系列环保处理，达标后通过120米高的烟囱排出。

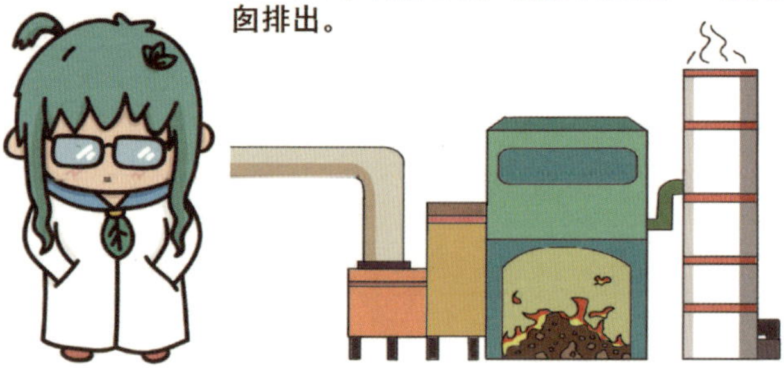

废渣

废渣则被送入渣料处理车间或者下游企业，还能回收铜、铁及少量贵金属呢，其余的经过再加工可以用作建筑材料。

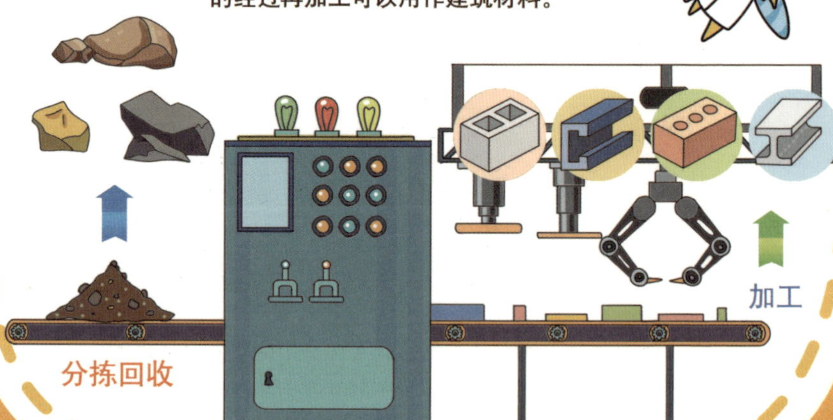

在线监控

为了规范企业行为，保障环境安全，生态环境部门在垃圾焚烧发电厂安装了在线自动监控设备。

企业排放的一氧化碳、颗粒物、二氧化硫、氮氧化物、氯化氢浓度和炉膛内焚烧温度等参数需进行24小时联网监控。

细心的你也一定可以在厂区门口或其他显眼位置的电子显示屏上看到这些指标的实时数据。

垃圾焚烧发电，不仅安全环保，还能够产生有用的能源造福人类，实现了垃圾处理减量化、资源化和无害化。

减量化

资源化

无害化

生活垃圾 你要去哪